自然生态

撰文/白梅玲　　审订/郭城孟

中国盲文出版社

怎样使用《新视野学习百科》?

请带着好奇、快乐的心情，
展开一趟丰富、有趣的学习旅程！

1 开始正式进入本书之前，请先戴上神奇的思考帽，从书名想一想，这本书可能会说些什么呢?

2 神奇的思考帽一共有 6 顶，每次戴上一顶，并根据帽子下的指示来动动脑。

3 接下来，进入目录，浏览一下，看看这本书的结构是什么，可以帮助你建立整体的概念。

4 现在，开始正式进行这本书的探索啰! 本书共 14 个单元，循序渐进，系统地说明本书主要知识。

5 英语关键词：选取在日常生活中实用的相关英语单词，让你随时可以秀一下，也可以帮助上网找资料。

6 新视野学习单：各式各样的题目设计，帮助加深学习效果。

7 我想知道……：这本书也可以倒过来读呢! 你可以从最后这个单元的各种问题，来学习本书的各种知识，让阅读和学习更有变化!

神奇的思考帽

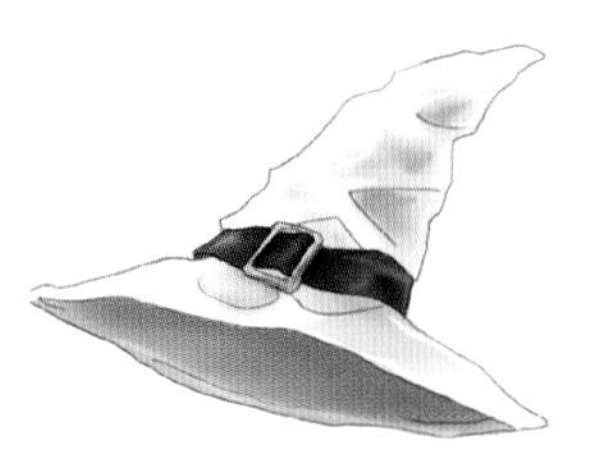

客观地想一想

用直觉想一想

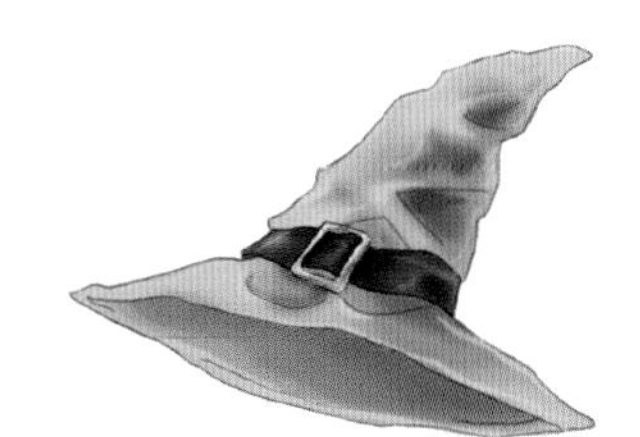

想一想优点

想一想缺点

想得越有创意越好

综合起来想一想

? 你曾经见过哪几种生态系统？

? 你最喜欢哪些生态系统？

? 地球上有各种生态系统，有什么好处？

? 哪些事情会破坏生态系统？

? 如果把极地和沙漠的动物交换，会发生什么事？

? 人类为什么要研究自然生态？

目录

■神奇的思考帽

CONTENTS

■专栏

单元1

什么是生态系统

（海边植物，摄影/张君豪）

走进大自然的任意一角，我们会发现各式各样的动植物，也可以观察到当地的环境特色，比如土壤、气温、海拔高度等等。在一个区域中，所有的生物和它们生存的环境，组成生态系统。

各种生物之间有着密切的生存关系，例如榕小蜂以榕果为家，而榕果也靠它传播花粉。（摄影/巫红霏）

环环相扣的生物与环境

太阳辐射、气温、地形坡度，或是像水域里的水温、水流速度等，这些我们称为“非生物环境”。每个地方都有各自的非生物环境，这是决定能够孕育出哪些动植物的先决条件；就像海洋中的鱼类必须能够适应高盐分的海水，而高山上的植物都必须具备应付寒冷天气的策略。不同的生物间又通过各式各样的关系连在一起，比如蝴蝶的出现总跟随着特定的食草，而榕树离不开帮它们传粉的榕小蜂。许多时候，生物也能够影响

生态系统有大有小，热带雨林中的凤梨科植物，茎叶可以承接雨水，有如小水塘，吸引许多小动物来饮水、产卵，成为一个小生态系统。（插画/吴仪宽）

它们所生存的环境，例如针叶树由于叶子的化学成分，会逐渐使土壤的酸性增强，而土壤的变化又进而影响到哪些植物可以生存在针叶林下。

可大可小的生态系统

任何特定范围内生物环境与非生物环境所构成的整体，都可以称作是一个生态系统。这样一个区域并没有特定的大小，因此一个小水塘、一片草地或是整个地球上的海洋，都可称作是一个生态系统；而一个小系统可以视为一个更大系统的一部分。地球是目前我们所知最大的生态系统，整个地球上的生物和与生物交互作用的环境，又叫做“生物圈”。

生态学的起源

“生态学”是研究生物与环境间关系的科学，这个词由德国生物学家赫克尔于1866年提出。他将希腊文代表“家、家族”的oikos，与表示“学科、学术”的logos结合在一起，创造德文Oekologie这个字，后来导出英文的ecology，表示研究地球这个大家庭的学问。虽然生态学在20世纪才成为独立的学科，但自古人类活动和大自然息息相关，因此生态观念的起源很早。在西方，亚里士多德常被视为第一位生态学家，他在《动物志》中描述的动物和栖地影响至今。在农业立国的中国，也有“顺天时，量地利”、“草木未落，斧不入山林”等观念，显现对自然法则的重视。

赫克尔在书中所画的插画除了描绘精细，还有很高的艺术性。图为他所画的各种蜂鸟图。（图片提供/维基百科）

啄羊鹦鹉是唯一生长在高山雪地里的鹦鹉，分布在新西兰。它在寒冬时会在受伤绵羊身上啄出伤口以获取脂肪，因此而得名。（图片提供/维基百科，摄影/James Ball）

生长在天山与阿尔泰山上的雪莲，可承受零下数十摄氏度的严寒，因是珍贵中药材而遭滥采，已濒临绝种。（图片提供/GFDL，摄影/Tigerente）

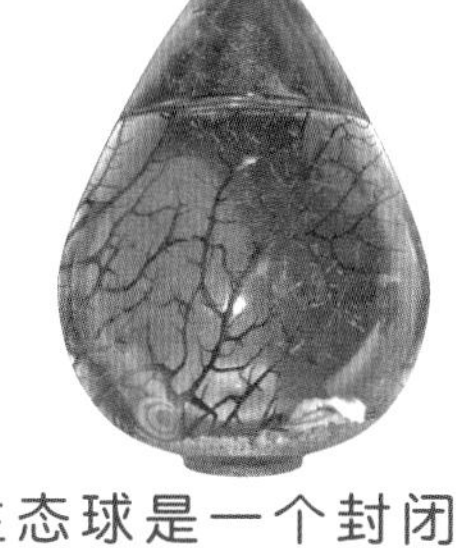

生态球是一个封闭的“微型世界”，里面有水、藻类（生产者）、小虾（消费者）、细菌（分解者），靠着外在光线可使球内的气体和食物不断循环。（图片提供/廖泰基工作室）

生产者、消费者与分解者

（叶子，图片提供/维基百科）

生态系统中的生物种类繁多，不过按照它们在生态系统里扮演的角色来分，可以归纳为生产者、消费者与分解者3类。

自给自足的生产者

绿色植物、藻类以及一些细菌，能够将一些简单的无机物分子转换成自己能够利用的有机分子，称为“生产者”。以绿色植物为例，它们从土壤中汲取水分，从空气中吸收二氧化碳，借由太阳光的能量将它们重组为葡萄糖，这就是自然界中最重要的化学反应——光合作用。绿色植物就像一座座太阳能工厂，运转效率随着植物种类、阳光强度、温度、湿度而不同，在理想状况下能达到35%，但在自然环境中通常只有1%—2%。

海草、藻类等是海洋中重要的生产者。图为科隆群岛的海鬣蜥潜入海中啃食海藻。（图片提供/达志影像）

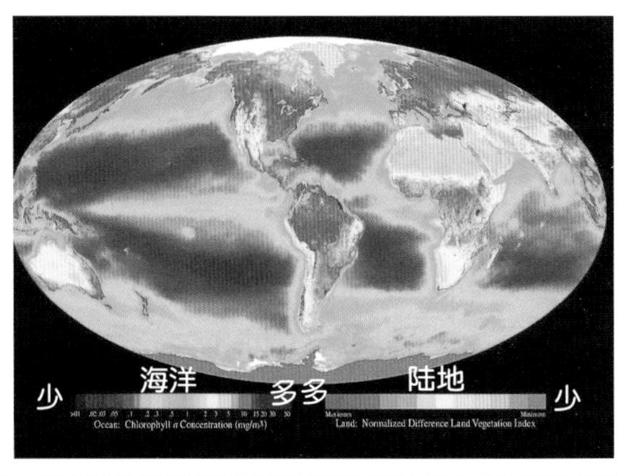

这张图像显示1997—2000年地球上生产者的分布状况，包括海洋中的叶绿素，以及陆地的植被。由颜色可看出它们在海洋和陆地上的分布及多寡。（图片提供/维基百科）

绿色植物通过光合作用来生长，而植食性动物则从这些植物中获取能量。（摄影/郭可盼）

民以食为天——消费者

和植物相比，绝大部分的生物不能自己合成养分，而必须靠“吃”来维持生命，这些生物通称为“消费者”。植食性的动物，比如毛毛虫、蜂鸟、斑马，取食树叶、草、花、蜜、果实等等，然后将它们转换成自己生长所需的材料，或是活动所需的能量；肉食性的动物，如狼、老虎、猫头鹰等，则以捕食其他的动物为生；另外还有许多动物是杂食性的，吃植物，也吃动物，比如熊、猴子，以及我们人类。

大自然的清道夫——分解者

植物合成的有机物，经过层层的食物网，最后如何重新分解成无机物？靠的就是自然界中一些不起眼的小生物——分解者。分解者包括各种微生物、菌类等，经由分解植物的枯枝落叶、动物的尸体或排泄物，得到生长所需的养分，同时将大分子的有机物分解成简单的小分子，让植物能够重新利用。

白蚁属于碎食者，喜欢居住在潮湿且温暖的环境，不过因为啃食木头而对人类造成危害。（图片提供/维基百科，摄影/Althepal）

枯木生态系统

你知道吗？一段倒在森林里的枯木，看起来好像是“死了”，但它却成为一个独特的小生态系统。首先，它提供了一个和周围森林土壤不同的环境，能够让不同的苔藓生长，而且一些在森林土壤上竞争不过野草的树苗，特别有机会在枯木上发芽长大。此外，木材本身也是可利用的养分，许多真菌与甲虫的幼虫都非在枯木里生活不可。枯木也是个生活空间，树洞或树根的间隙常有鹪鹩筑巢；如果树干中心空了，还是狐狸睡觉的好地方。另外，前来嚼食苔藓或树苗的各种动物，或是来挖寻蚂蚁与甲虫幼虫的啄木鸟，也都算是枯木生态系统的一员。

在湖泊中不起眼的枯木，却是许多动植物的家。（图片提供/GFDL，摄影/Superbass）

食物链与食物网

（鱼鹰，图片提供/维基百科）

所有的动物都必须吃植物或其他动物才能存活，我们可以把捕食者与被捕食者之间连起来，这就构成了食物链。

美洲狮是北美食物链中的最高级消费者，它的食性很广，尤其喜欢捕食鹿。图为美洲狮捕食松鼠。（图片提供/达志影像）

螳螂捕蝉，黄雀在后——食物链

成语“螳螂捕蝉，黄雀在后”这样一层一层的捕食关系，正好表现出食物链的观念。不过食物链通常是以绿色植物为起点，例如叶子被毛毛虫吃，毛毛虫被小鸟吃，而小鸟又是猛禽的食物。这样的关系中，我们把直接吃叶子（生产者）的毛毛虫称为“初级消费者”，吃初级消费者的小鸟称为“次级消费者”，而吃次级消费者的猛禽称为“第三级消费者”，它也是这条食物链中最高级消费者。因为每级间的能量会耗损，所以食物链不会太长。

寂静的春天

动物在食物链中取得食物，却也可能通过食物链而中毒！其中最有名的便是20世纪50年代的DDT事件。DDT曾是全世界广泛使用的农药，它随着地下水污染了河川，进入浮游生物体内。一条小鱼要吃许多浮游生物，一条大鱼又要吃许多小鱼，因此大鱼体内的DDT浓度远比河水中来得高；而受害最深的是位居食物链顶层、捕食大鱼的猛禽，比如鱼鹰。DDT中毒的鱼鹰会生下蛋壳特别薄的蛋，以至于雌鸟孵蛋时会把蛋壳坐破！美国生物学家瑞秋·卡森注意到这个现象，在1962年出版了《寂静的春天》，她以优美的文笔唤起大众共鸣。在1970年到1980年间，大多数发达国家陆续禁用DDT，才挽救了濒临绝种的鱼鹰。

以环境污染与海洋自然史方面的著作闻名的瑞秋·卡森，提醒世人DDT的危害。（图片提供/维基百科）

鱼除了会吃水里的生物外，有时也会捕食生活在水边的动物。图为大口黑鲈吃青蛙。（图片提供/达志影像）

美洲知更鸟吃蚯蚓，这是食物链中的次级消费者（鸟）吃初级消费者（蚯蚓）。（图片提供/维基百科，摄影/Ryan Bushby）

错综复杂的食物网

一种动物的食物常常不只一种，例如兔子可以吃好几种草或是灌木的嫩芽；而一种生物也通常是好几种动物的食物，比如兔子同时名列狼、老鹰与大角鸮的菜单。因此一个生态系统里有许多交错的食物链，组合成像网般的结构，叫做“食物网”。一种生物在食物网中的等级常常不是固定的，例如当狼猎捕初级消费者麋鹿时，狼便是次级消费者；而当狼捕食次级消费者山猫时，它则成为第三级消费者。另外，某些动物会随季节改变它们的菜单，比如许多小鸟在春夏之际捕食毛毛虫，是次级消费者；而在秋冬时改以植物的果实、种子为主食，便又成为初级消费者。

人什么都吃，可说是食物链中的最高层，但也是整体自然界食物链的破坏者。右图为人们正在吃牛肉饭。（图片提供/欧新社）

下图是雪鞋兔的食物网，它本身是初级消费者，也是大角鸮、狼等高级消费者的食物来源之一。（图片提供/维基百科，制作/陈淑敏）

（中部胡须蜥，摄影/张君豪）

单元4

族群和群落

自然环境中的生物形形色色，有些是同一种，有些则是不同种；同种生物间与不同种生物间会有不同类型的交互作用。

物以类聚——族群

同种生物所构成的群体称作“族群”，例如黑猩猩族群、白鹭鸶族群等。同种生物的最大特色是可以相互交配，繁殖下一代，维持族群的生生不息。不过由于地理区隔或是人类对环境的改变，一种生物的族群往往又分成许多地方性的次族群，例如几内亚雨林和刚果雨林中间被草原分隔开来，两个雨林中的黑猩猩无法直接接触，于是形成两个次族群。“族群生态学”便是研究一个族群的结构或是族群与环境间的关系，探讨的主题包括族群的性别比例、年龄组成、出生率、死亡率，或是次族群间的迁徙等。

蜜蜂采食花粉正是一种互利关系。（图片提供/维基百科，摄影/andy205）

在自然界中，有些动物喜欢群居，有些则喜欢单独行动。图中的斑马和大象都属于群居型动物。（图片提供/达志影像）

自然生态是由许多个体，进而到族群、群落、生态系统所组成。（插画/张文采）

雨林是群落关系最多样化的环境之一，动植物种类繁多。图为分布在东南亚雨林，喜欢在树上活动的眼镜猴。（图片提供/达志影像）

邻居关系——群落

生活在同一个地方的所有生物称为“群落”，例如非洲雨林的生物群落，除了黑猩猩族群，还有当地的其他动物、植物及菌类等。研究这些不同物种间交互作用的学科，称为“群落生态学”。在这些交互作用中，有的是对一方有利而对另一方不利，比如食物链中的捕食关系；有些则是对双方都不利，这会出现在大家都要使用同样资源的情况下，例如秋天时，松鸦和松鼠必须抢先收集橡树的果实，或是山雀与椋鸟必须争夺筑巢用的树洞，这种关系称为“竞争”。不过有些交互作用是对双方都有利，例如蜜蜂采蜜，自己获得食物的同时，也帮忙植物传播花粉。

松鼠和松鸦都会收集橡实过冬，所以在群落关系上便是竞争对手。（松鸦/欧新社，松鼠/GFDL，橡实/维基百科，摄影/Darkone）

配合无间的蜂鸟与花

除了昆虫以外，还有许多鸟类也担任植物的传粉大使，其中最有名的就是蜂鸟。靠蜂鸟传粉的植物都有长筒形的花，当蜂鸟将细长的喙探入花的深处吸蜜时，开口处的雄蕊就可以把花粉沾到蜂鸟头顶上。对植物来说，如果1只蜂鸟总是拜访不同种类的花，植物的粉和蜜就浪费掉了，因此经过长久的进化，有许多植物与特定的蜂鸟形成一对一的配对关系。各种植物的花筒有不同长度和弯曲度，让某一种特定嘴形的蜂鸟可以最有效率地采蜜，就像各品牌的花粉工厂有自己专属的蜂鸟快递公司，有效率又不容易搞错！

不同蜂鸟随着进化而和不同花朵有着对应关系。（插画/张文采）

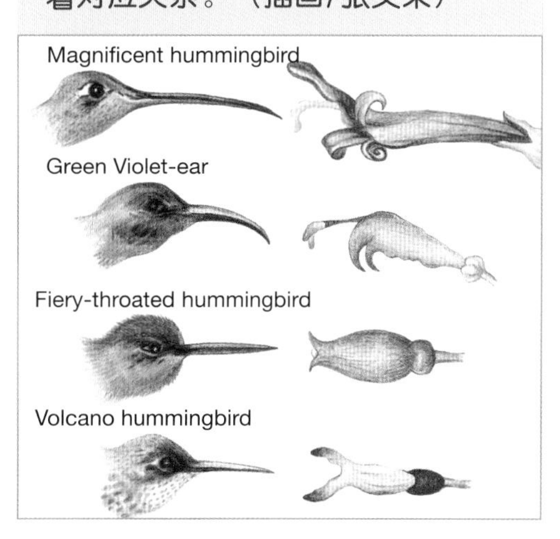

单元5

物质循环与能量流动

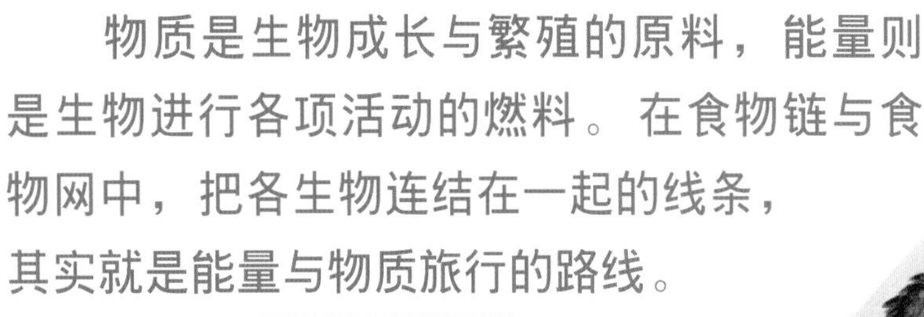

物质是生物成长与繁殖的原料，能量则是生物进行各项活动的燃料。在食物链与食物网中，把各生物连结在一起的线条，其实就是能量与物质旅行的路线。

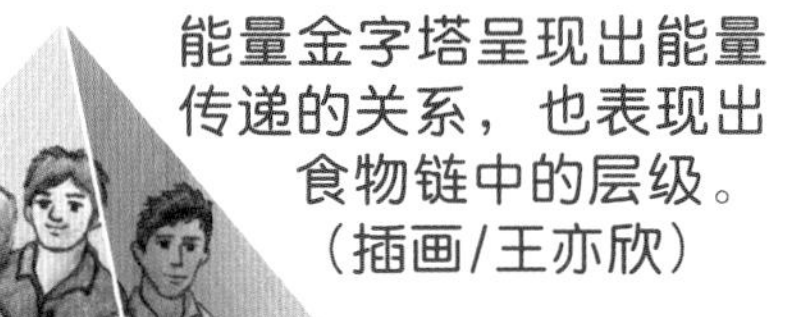

能量金字塔呈现出能量传递的关系，也表现出食物链中的层级。（插画/王亦欣）

吃，是动物获取能量的主要途径，通常植食性动物要比肉食性动物花更多的时间来进食。

能量的单向旅程

太阳是生物圈能量的起点。作为生产者的植物直接利用太阳能；植食动物吃了植物后，经消化吸收得到储存在植物里的能量；吃了植食动物的肉食动物，又得到储存在植食动物身上的能量。但能量并没有办法完全传递，因为一棵植物并不是整株都能够被植食动物食用，吃下去的部分也只有少数能够被消化吸收。此外，植食动物还必须耗用许多能量觅食、消化、活动、维持体温等，因此植食动物所得到的能量中，只有

从浮游藻类（硅藻）到鱼鹰，串成最长的食物链。（图片提供/维基百科，制作/陈淑敏）

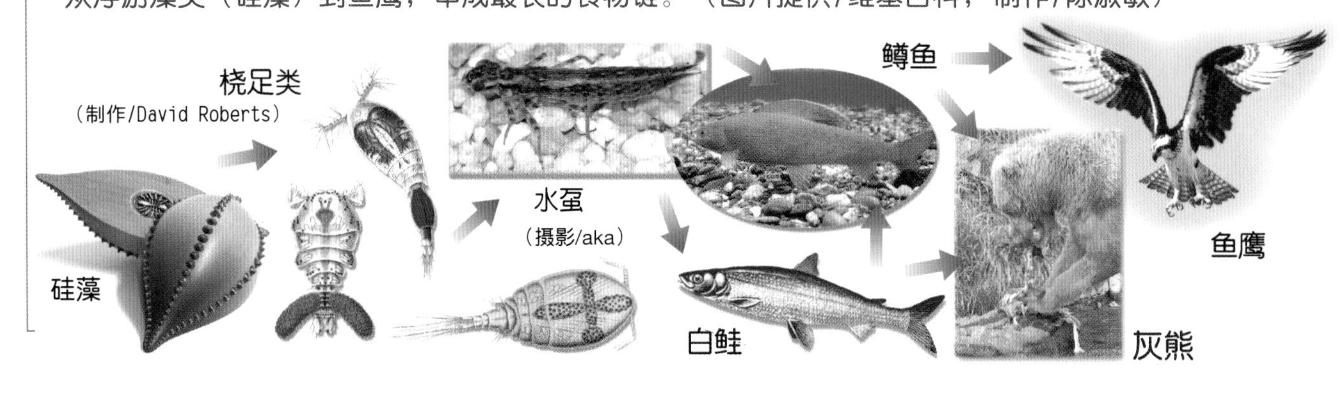

森林大火除了造成动物迁徙、植物烧毁，也是物质和能量的重新再生。（图片提供/维基百科，摄影/ETC）

一小部分能够被肉食动物利用。根据科学家的推算，在食物链中每经过一次传递，就只有大约10%的能量被保存下来。随着食物链中等级的升高，保存在这个等级中的能量逐渐递减，这种关系称“能量金字塔”。

最长与最短的食物链

水域生态系统的食物链能量传递效率比陆地来得高，这是因为藻类能够较有效率地被食用、消化，而且水中生物多为变温动物，不需消耗能量来维持体温，每一级间的能量耗损较少，因此水中的食物链比陆地上来得长。最长的食物链就是水中的食物链最后进入陆地的顶级消费者，例如：浮游藻类→浮游动物→肉食性昆虫（如蜻蜓的幼虫）→吃昆虫的小鱼（如白鲑）→吃小鱼的大鱼（如灰鳟）→吃大鱼的大型动物（如熊、鱼鹰），可以达到6级。

世界上最短的食物链就只有2级，那就是箭竹→大熊猫！大熊猫长大之后并没有天敌，所以是初级消费者，同时也是最高级的消费者。

大熊猫只吃竹子，两者间构成最短的食物链。（图片提供/维基百科，摄影/Colegota）

循环不息的物质

建造生命最重要的原料，有碳、氢、氧、氮、磷等元素。植物可以从大气以及根部吸收的水分中得到这些物质，而动物则经由食用植物或其他动物得到这些原料。在传递过程中，这些物质并不会消失，而是以不同的形式贮存在生态系统，有时在生物体内，有时则在大气、海洋或土壤等非生物环境中。以碳元素为例，植物从空气中摄取二氧化碳，转换成自己体内的有机分子；吃了植物的动物，将部分的碳储存在体内，部分则在呼吸时又以二氧化碳的形式回归大气；碳也会保留在植物的枯枝落叶、动物的尸体或排泄物中，经由分解者分解后再进入大气。

除了进食，有些动物可以吸收太阳的热能。图为天王星飞蛾躺在沙子上吸收太阳能。（图片提供/达志影像）

单元6

世界的主要生态系统

（冬季时的德国黑森林，图片提供/维基百科，摄影/Richardfabi）

我们居住的地球，有一望无际的沙漠、蓊郁浓密的雨林，也有五彩缤纷的海洋世界。它到底有多少面貌？而这些变化又是如何产生的？

主要生态系统的类型

世界上的主要生态系统，首先分为水域生态系统与陆域生态系统两大类。水域生态系统包括了海洋与淡水环境；陆域生态系统则根据植群形态进一步区分，基本类型包括森林、草原、沙漠及寒原（又称冻原或苔原）。

地处北回归线的区域大多干燥，但我国云南与缅甸交界为季风气候区而有茂密森林。图为云南临沧的森林。（图片提供/GFDL，摄影/prat）

各陆域生态系统的分界经常和纬度平行：靠近赤道的地方，主要是热带雨林和热带草原（又称莽原），南北回归线附近经常出现沙漠，温带地区以落叶阔叶林和温带草原为主，高纬度的寒带地区是广阔的寒带针叶林，而靠近两极的地带则属于寒原。

随着气温、雨量、纬度、地形高度等非生物环境的不同，进而呈现出各地不同的生态系统。图为世界上主要的生态系统分布图，左下图显示出不同雨量和温度下的生态系统。（插画/吴仪宽）

陆域主要生态系统的成因

气温与雨量两大气候条件，是决定陆域生态系统类型的关键因素。其中气温主要受到纬度的影响，低纬度地区全年都受到太阳较直接的照射，因此年均气温较高，四季变化不明显；高纬度地区年均气温较低而四季分明。雨量也和纬度有关，主要是因日照驱动大气流动，在不同纬度造成不同方向的气流，例如在太阳直射、上升气流旺盛的热带，雨量最充沛；而在南北纬30°与60°附近则以下沉气流为主，气候较干燥。地形、海陆位置等又进而影响区域性的气候变化，例如高山上气温较低，迎风坡雨量较背风坡高；靠近海洋的地方气温变化通常较内陆和缓等，这些差异进一步塑造了生态系统的边界。

右图：生长在温带地区的落叶林，景观会随着四季而明显改变。（图片提供/GFDL，摄影/David Paloch）

左图：干燥的沙漠地区，大雨过后便露出生机盎然的绿意。（图片提供/达志影像）

左图：企鹅是分布在南半球的动物，但气候变暖使南极大陆冰山面积缩减，也威胁到企鹅等极地动物的生存。图为阿德利企鹅。（图片提供/达志影像）

生态系统有多大

地球上主要生态系统的面积差异很大，其中水域生态系统覆盖了地表超过70%的面积，因此人们常说地球是一颗蓝色的星球；而只占地表面积22%的陆域生态系统中，各种森林加起来约占一半，其余则是较干燥的草原与沙漠，或是较寒冷的寒原。这些生态系统的面积并不是固定不变的，例如过去地球有过较寒冷的时期，海平面比较低，陆地的面积就比现在大；又如森林生态系统由于雨量较充沛，在温带和热带地区已经大多被人类转变成农田；而某些草原由于土地的过度使用，出现沙漠化的现象，因此沙漠面积正在增加中。

下图显示各生态系统在地球所占面积，其中以海洋生态系统面积最广，淡水生态系统的面积最小。（制作/陈淑敏）

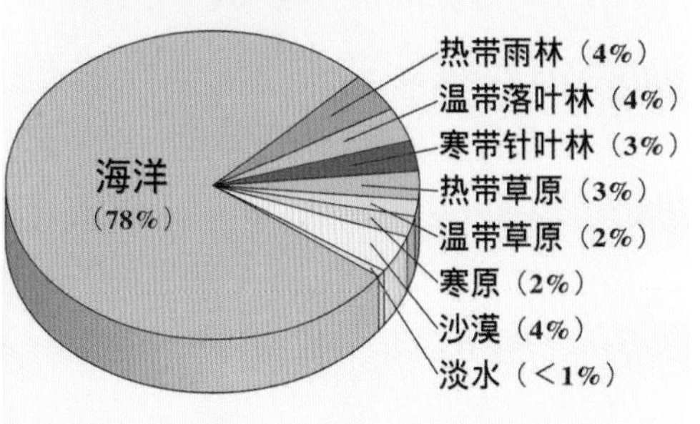

（虹鳟，图片提供/维基百科）

单元7

淡水生态系统

淡水生态系统包括奔腾不息的溪流，以及静止的湖泊与沼泽；它们只占了不到1%的地表面积，但却像血脉一样贯穿其他各个生态系统。

河流与湖泊的交界水流和缓，经常形成湿地或泥滩。图为阿拉斯加的Maurelle岛。（图片提供/达志影像）

贯穿大地的溪流

一条溪流由上游到下游可分成许多不同的环境。溪流上游位于海拔较高的山上，水温低、流速快，溪水清澈而溶氧量高，河面较窄且河床由大大小小的石头所构成；由于水流速度快，浮游生物不易生存，因此生产力低，反倒是由周围森林落入河面的残枝落叶和小昆虫，成为主要的能量来源。在溪流中游，坡度渐缓，水流速度减慢，有较多的水生植物与藻类生长，这里也是水生昆虫及鱼类种类最丰富的区域。到了下游，河道宽、水流缓慢，泥沙在此沉积，因此水质较混浊，能够穿透的阳光有限，所以藻类的生产量也低，再加上水温较暖，溶氧量低，只有适应低溶氧量的鱼种才能够生存。

湖泊与湿地

一个较大的湖泊可以分为湖岸区、湖面区与深水区3个不同的环境。湖岸区由于水浅而阳光充足，有许多扎根于水底的植物生长，水生昆虫、两栖类以及螺、贝等软体动物最常在这里出现。开阔的湖面区以浮游植物为主要生产者，浮游动物及鱼类为主要的消费者。在阳光无法穿透的深水区，植物不能生存，生存在此的鱼类需要靠上层动植物的

美洲海牛生活在热带和副热带间的大陆沿岸海域与内陆水域，以海藻、水草、红树林等为食。（图片提供/达志影像）

碎屑为生。

左图：河狸会以树枝、软泥在河流中筑巢或筑坝，建造出适合自己的生态环境。图为河狸所搭建的水坝。（图片提供/GFDL）

有些地区受到地形与地质的影响，并未形成水深的湖泊，反而形成水浅且通常面积辽阔的湿地。湿地可分为动态或静态的水域，前者包括河岸、河口、海岸，后者则通称为沼泽。由于湿地是河海或是海陆等不同环境交界处，因此它即是动植物聚集的场所，也是水鸟喜爱造访的地方。

布袋莲是相当典型的浮水植物，在许多河道或湖泊中都可以看到。右图为巴西的黑冠白颈鹭正在布袋莲旁觅食。（图片提供/达志影像）

动手做鱼吊饰

利用食物链的概念，我们来做一串鱼吊饰。准备色卡纸、瓦楞纸、美术纸、彩色笔、色纸、剪刀、胶带、毛线、棉线、活动眼睛。（制作/林慧贞）

1. 在色卡纸上画鱼的形状，并剪下。
2. 用色纸装饰鱼身、贴眼睛。
3. 用棉线、胶带把小鱼和中鱼、大鱼串连起来后便完成了。

湖岸区由于水浅加上日照充足，密布着许多水生植物，由于食物丰富，也成为许多动物的栖地。（插画/张启璀）

单元8

海洋生态系统

（管虫，图片提供/维基百科）

海洋是面积最大的生态系统，覆盖了70%以上的地表面积；由于海洋的辽阔与深邃，它反而成为我们所知最少、最神秘的生态系统。

浅海地带由于能接受到阳光，所以有大量藻类，也成为鱼群密集的区域。（图片提供/达志影像）

多样的浅海环境

靠近陆地、水深不超过200米的浅海区，阳光可以穿透，又有河川自陆地冲刷而来的养分，因此着生海底的大型藻类和微小的浮游藻类都能旺盛生长。依照底质的不同，浅海地区又分为沙岸、岩岸、礁岸3种环境。沙岸有许多钻洞而居的软体动物，比如沙蚕、贝类等，是水鸟觅食的重要场所。岩岸有许多紧紧吸附岩石的软体动物，岩洞与岩缝则是许多鱼、蟹栖息的空间。温暖的热带浅海是珊瑚虫生存的世界，珊瑚虫的骨骼经年累月构成的珊瑚礁，是一个洞穴、缝隙丰富的环境，再加上水温适宜、阳光充足，藻类生产力高，各种色彩缤纷、造型奇特的海葵、海星、海胆、热带鱼等生存其间，成为地球上最美丽的生态系统之一。

珊瑚礁是海洋里最缤纷的景观，除了食物丰富，密布的洞穴也成为许多海洋生物的栖息场所。图为印尼附近的珊瑚礁。（图片提供/达志影像）

右图为海洋分层图。（图片提供/维基百科，制作/TomCatX、陈淑敏）

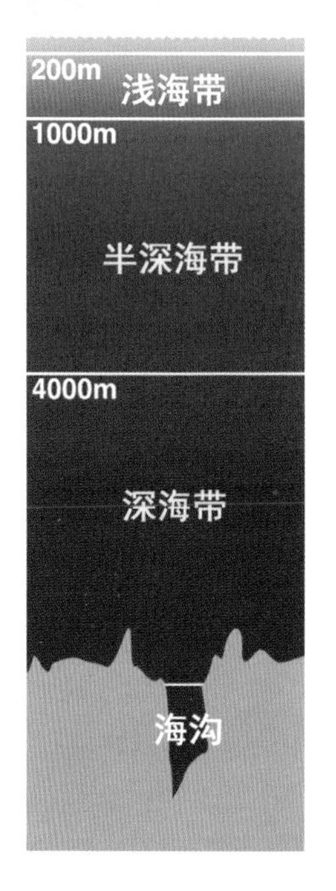

低生产力的远洋

开阔的大海中，水深虽然可达1万米，但只有海平面下200米以内的区域有足够的阳光，可以让浮游藻类进行光合作用。微小的浮游动物以浮游藻类为食，而各种鱼类又以浮游动物或其他鱼、虾为食，同时也哺育了数量众多的海鸟与海洋哺乳动物。至于黑暗的深海中，由于缺乏生产者，上层生物的尸体、碎屑是唯一的能量来源，再加上温度低、压力大，能够适应的生物不多。但就在这广大而极端的环境里，发展出许多独特的物种，特别是许多生物本身能够发光，在黑暗的深洋中以微光来吸引配偶，或是诱捕食物。

水族馆是人们最容易观察海洋生态的地方之一，这里可以看到各式各样的海洋生物。（图片提供/欧新社）

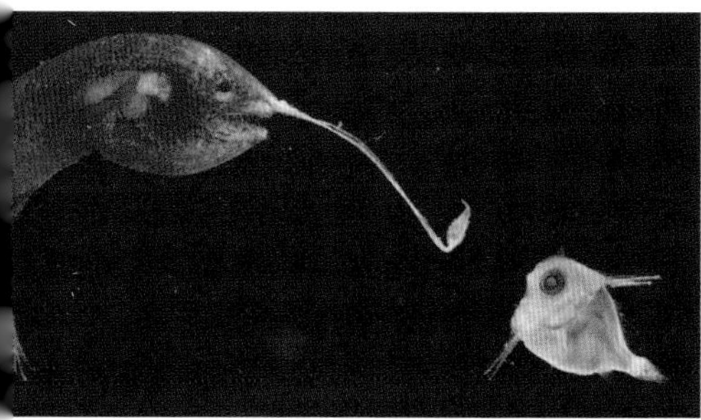

海洋的深处缺乏光线，食物取得不易，垂钓鱼便是利用发光的“钓饵”，吸引猎物上门。（图片提供/达志影像）

奇妙的深海热泉

由于地球板块的活动，海底就像地表一样，也有火山和温泉。直到1977年，科学家才发现这些位于三四千米深的海底深海热泉。这里压力是地表的300倍，水温高达400℃而且呈强酸性，看起来是个不适合生物生存的地方，但却有着十分独特的生态系统。在这不见天日、无法进行光合作用的深海，有一群硫化菌扮演生产者的角色，它们能够从热泉中丰富的硫化物里获得能量，而许多微生物、巨型管虫、海葵、贝类、虾蟹、章鱼和鱼类，就直接或间接地靠硫化菌为生。至今，科学家已经在深海热泉中发现了超过300种独一无二的生物。

深海热泉旁的巨型管虫，本身没有口器和内脏，由体内细菌提供营养。（图片提供/维基百科，摄影/Charles Fisher）

森林生态系统

（紫蓝金刚鹦鹉，图片提供/GFDL，摄影/Peter Meenen）

在陆域生态系统中，森林的分布面积最广，而依气候特色与树木组成的不同，又分为热带雨林、温带落叶林以及寒带针叶林3种类型。

三趾树懒生长在中南美洲森林，是行动缓慢的夜行性动物，以树叶为主食。（图片提供/维基百科，摄影/Stefan Laube ）

物种丰富的热带雨林

在赤道附近，气温暖和、雨量丰沛，再加上充足的日照，不仅树木可以终年生长，在高大的乔木之下，还可以生长出各式各样的灌木及草本植物，并有各种藤蔓与附生植物攀附其间，形成一个层次复杂的环境。多样的植物种类让动物全年都有丰盛的食物来源，同时也形成各种不同的栖息空间，因此动物种类繁多，是地球上生物多样性最高的生态系统。

热带雨林小档案

为什么近年来热带雨林特别受到生态学家的重视呢？让我们来看看一些数据：

1. 过去热带雨林覆盖了14%的陆地面积，如今只剩下6%。
2. 地球上的动物、植物据估计超过1,000万种，其中有一半以上生活在热带雨林。
3. 目前世界各地人类的食物，有80%源自热带雨林。
4. 人类使用的药物有25%来自热带雨林，但目前人类认识且经过科学检测（药性测试）的雨林植物还不到1%。
5. 热带雨林有“地球的肺”之称，地球上超过20%的氧气来自亚马孙雨林。
6. 由于人类对土地及木材的需求，热带雨林的面积迅速缩小，每分钟消失的面积相当于5个足球场，而每天约有137种动植物因此灭绝。

全世界最大的亚马孙雨林每年遭人类大量砍伐，改作为农田。图为雨林遭砍伐的木材。（图片提供/欧新社）

桦树主要生长在北半球的温带地区，是一种落叶树。图为一头狼穿梭在桦树林间。（图片提供/达志影像）

四季分明的温带落叶林

在北美、西欧以及东亚的温带地区，阔叶树无法在寒冷的冬天进行光合作用，因此它们的叶子纷纷在秋季变红、变黄后脱落，而在来年春天换上新叶，这些树称为落叶树，例如槭树、橡树、山毛榉等。此外，落叶林下仍有足够的阳光让一些灌木与花草生长。各种植物都规律地在春夏开花，秋季结实，提供动物四季不同的食物，而动物也随着气温及食物资源的变化，有着季节分明的作息。

生长季短的寒带针叶林

生长在寒带地区的树木以裸子植物为主，叶子呈细长的针形，所以称为针叶树。寒带适合树木生长的季节更短，因此针叶树整年保留它们的叶子，不用在春天里浪费时间及能量重新长叶。由于针叶林终年浓绿，能穿透森林的阳光很少，因此地面通常只有少许的草或苔藓生长，生产力低，动物的种类和数量也不多，在漫长的冬季里许多动物必须冬眠或迁徙。

针叶林的叶子细小且表面有极厚的腊质，可以让它们度过寒冬。（图片提供/廖泰基工作室）

北方寒带针叶林是位于寒原以南的广大针叶林带，分布在欧亚美三大洲的北方，这里冬季寒冷，多数动物选择冬眠或南迁，不过到了夏季则充满生机。（插画/刘俊男）

单元10

草原生态系统

（长颈鹿吃树叶）

在半干燥气候区，草本植物取代树木覆盖大地，形成壮阔的草原景观，也是许多大型植食动物的家园。

野火烧不尽的草

草原生态系统可分成温带草原与热带草原。温带草原主要分布在北美与中亚；而热带草原又称为“莽原”，除了草之外，常有树木零星生长，主要分布在非洲。草原生态系统有干湿季，在长达半年以上的干季中，大量的枯草经常引发火灾。火会烧死树木与灌木的幼苗，但草本植物的地下茎或球根却可以在地底存活，等火灾过后便在肥沃的土壤中再度萌发，迅速遍布大地，因此火是维持草原生态系统的重要角色。至于动物，受火灾影响并不大，大型动物大多有能力逃离，小型动物可以深入洞穴避难，会被火烧死的主要是昆虫，但它们数量多、繁殖力强，可在火灾后迅速由周围迁入而重新立足。

草原上的大火，能帮助干旱期间的草原生态系统重启新生。（图片提供/达志影像）

图为美国草原上成群奔驰的野马，美国草原依雨量多寡可分为短草原（西部）和长草原（东部）。（图片提供/达志影像）

狮子是非洲草原上的大型肉食性动物，棕黄色的外表和草原颜色相近，有利于捕捉猎物。（图片提供/维基百科，摄影/eismcsquare）

非洲多属于热带草原，养育着许多的动物。图为非洲草原上的斑马，背景则是非洲最高的乞力马扎罗火山。（图片提供/达志影像）

大型草食动物的国度

草本植物是草原的主要生产者，一望无际的草原养育了大量的植食者，除了昆虫、鼠类外，还有特别适应草原生活的大型植食动物，例如斑马、长颈鹿、袋鼠、野牛、羚羊等。这些植食动物往往成群逐水草而居，成为吸引肉食动物垂涎的目标。要捕捉这些体型大、动作敏捷的植食动物，草原上的肉食动物必须身手特别矫健，比如狮子、豹、狼等。肉食动物在猎捕到大型植食动物之后，通常一时无法吃完这些丰盛的食物，因此秃鹰等腐食动物，便经常靠肉食动物吃剩的食物为生。

秃鹰的觅食策略

非洲草原上的秃鹰种类多，各以不同的策略来分享共同的食物——动物尸体。肉垂秃鹰体型最大而且性情凶猛，它们以力取胜，一出场其他秃鹰就必须让开，但它们有力的喙能够撕开动物尸体的毛皮与韧带，这也帮了其他秃鹰的忙。兀鹫属的秃鹰则是以量取胜，它们有粗糙的舌头，可以迅速把肉刮扯下来，并且有很大的嗉囊，可以储存大量食物。冠兀鹫和埃及兀鹫体型较小，争不过其他秃鹰，往往只能捡食剩下的碎屑，但也由于体型小，不像其他大型秃鹰，必须等待日出后依赖热气流盘旋，因此有机会在清晨时抢先出击，以快取胜。

埃及兀鹫又称为法老之鸡，是属于体形较小的秃鹰。（图片提供/维基百科）

鬣狗是一种动作敏捷的夜行性肉食动物，它和秃鹰都以动物的腐肉为主食。（图片提供/GFDL）

单元11

沙漠生态系统

（仙人掌开花，图片提供/维基百科，摄影/Aaron Logan）

沙漠是地球上最干燥的生态系统，整年的雨量少于500毫米，有些地方甚至完全不下雨，只有少数能适应这样极端环境的生物才能够在沙漠生存。

非洲沙漠中的大羚羊，只靠少量的水与粗糙的草为生。（图片提供/维基百科，摄影/Thomas Schoch）

不适合生存的严苛环境

由于大气中缺乏可以吸收及反射部分阳光的水气，沙漠里的日照格外炙烈，抵达地表的太阳辐射是潮湿地区的2倍，形成酷热的白天，有些地区甚至达到50℃的高温。此外，由于缺乏水气及植被的调节，夜晚气温降得也快，造成很大的日夜温差。沙漠里的土壤虽然矿物质丰富，但缺乏水分以及有机物质，无法形成良好的结构，而呈现一片黄沙漫漫或是石砾遍地的景观。前者最著名的是非洲的撒哈拉沙漠，后者又称砾漠，例如蒙古的戈壁。沙漠的严苛环境无法支撑茂盛的植物，因此沙漠生态系统是地球上生产力最低的地方。

沙漠白天的温度很高，多数动物会躲在洞穴或地底，黄昏至清晨之际，才是多数沙漠动物现身的时刻。图为美国索兰诺沙漠的生态。（插画/刘俊男）

耐旱的动植物

水是植物进行光合作用不可或缺的原料，因此沙漠植物发展出许多方式，以更有效率地汲取、贮藏与利用水分。许多沙漠植物有特别深的根，有的则以特别肥厚的茎或叶来储存水分；叶子面积通常很小，而且有光滑的蜡质表面，或是生长着细密的绒毛，以减少水分的散失。更有一类沙漠植物发展出独特的光合作用方式，它们在夜晚打开气孔吸收二氧化碳并储存起来，白天进行光合作用时就可以关闭气孔，将水分的蒸发降到最低。

在沙漠生活的大型动物较少，因为它们通常难以贮存足够的水分，也找不到可遮阳的树荫。沙漠里的动物以小型的哺乳类与爬行类为主，像鼠类、蛇、蜥蜴等，它们多在比较凉爽的夜晚或晨昏活动，白天则躲在洞穴或岩石缝里。

一辈子不用喝水的沙漠跳鼠

生长在北美洲的沙漠跳鼠，可说是适应沙漠环境第一名的哺乳动物，体长不到20厘米，却可以挖出深达1.5米的洞穴。它们白天就躲在地下睡大觉，到了凉爽的夜晚才出来找种子吃。一般动物代谢食物所产生的水，都形成尿液排出体外，但是跳鼠有比人类强5倍的肾脏，绝大部分的水都重新回收利用。它们只有脚底有汗腺，因此排汗量极低，甚至连鼻孔里都有特殊的冷凝系统，呼吸时排出的水气可以在此凝结重新吸收。靠着这样节约用水的生理系统，它们从种子里就可以得到足够的水分，因此一辈子不用喝水了！

跳鼠会在夜间出来找寻种子、树叶等，并从中获得水分。（图片提供/维基百科）

位于南美智利沿海的阿塔卡马沙漠，是世上最干燥的沙漠之一。图为在此找寻食物的羊驼。（图片提供/维基百科）

产于非洲南部沙漠的活石头，叶子肥厚呈半圆状，外表类似石头以防止被动物啃食。（图片提供/维基百科，摄影/L.Fdez）

住在南非沙漠中的狐獴，它们身上有独特的免疫系统，可以捕食蝎子或毒蛇而自己却不会中毒。（图片提供/GFDL，摄影/Olaf Leillinger）

单元12

寒原与极地

（海象，图片提供/维基百科）

从寒带针叶林继续往高纬度地区移动，气温会逐渐低到连针叶树都无法生长，越过这条称作“森林线”的边界，便是寒原的世界。

寒原的热闹夏季

在连夏季7月的月均温都低于10℃的地方，过短的生长季及冰封的土壤，使得树木无法立足，地表被各种草本植物、灌木、苔藓与地衣所覆盖，呈现一片类似草原的景观，称作寒原。寒原的冬季黑暗而寒冷，平均温度约在-30℃左右。但是，寒原的夏季白天特别长，表层的土壤解冻后，所有的植物都利用短暂的夏季迅速生长、开花、结果，昆虫也在此时孵化，许多动物从冬眠中醒来，把握这段拥有富庶食物资源的时期，借此补充体力、求偶、繁殖。因此寒原的夏季虽然短暂，但生产力很高，呈现一片欣欣向荣的景象，无数的候鸟便在春季千里迢迢来到这里养育下一代，直到秋天再飞回较温暖的地方过冬。

寒原由于气候冷冽，植物普遍较为低矮。图为虎耳草属植物。（图片提供/GFDL，摄影/ Tigerente）

寒原分布在北极圈和泰加针叶林带之间，这里气候冷冽，只有在夏季时有短暂的温暖气候，这时植物盛开，也吸引许多动物前来觅食。（插画/张启璀）

极地的冰天雪地

南北极附近的极地，是地球上最寒冷的生态系统。其中北极是一片被许多陆地围绕的海洋，南极则正好相反，是一块被环极洋流所环绕的大陆。两极的气温都很少超过0℃，地表绝大部分终年被冰雪覆盖，几乎没有高等植物生长，只有一些苔藓、藻类、地衣和菌类生存在海岸或是岩石的缝隙中。但是这样严酷的环境却居住着不少肉食性动物，比如企鹅、北极熊、海豹以及许多海鸟，它们主要靠海里的鱼为生，或是猎食鸟蛋、雏鸟以及其他海洋哺乳动物。

寒原夏季时因表层土壤短暂解冻，植物迅速生长繁殖。图为阿拉斯加寒原与美洲棕熊。（图片提供/达志影像）

北极狐住在北极一带的寒原，属于杂食性动物，冬天毛色变白，成为最佳的掩护色。（图片提供/维基百科）

北极熊的菜单

北极熊是极地生态系统中最高级的消费者，体重可重达700公斤，而且胃能够装下约体重15%—20%的食物！在冰天雪地的极地，北极熊要靠什么来填饱肚子呢？北极熊最爱的佳肴是海豹，它最常用的捕食技巧，就是静静守在冰原上海豹的呼吸孔旁，等待不得不浮上来呼吸的海豹自投罗网；用同样的方法，有时也可以抓到白鲸或北极鲸。夏天时在靠近海岸的地方，北极熊的菜单就比较丰富，它吃一切能找得到的东西，包括海鸟、鸟蛋、鼠类、鱼、蟹、浆果、海藻等，甚至人类的垃圾。

分布在北极的北极熊，是极地最大的肉食性动物，近年冰地面积缩减，使得它们的生存开始出现危机。（图片提供/维基百科）

单元13

生态系统的平衡与变化

（生物圈2号，图片提供/GFDL，摄影/microsome）

在一个生态系统中，当各种生物的族群数量稳定，而且物质与能量的进出均衡时，我们就说这个生态系统是在一个平衡的状态。

动态平衡的生态系统

平衡并不代表一成不变，因为系统中的生物个体有生有死，能量与物质也不停地进进出出，因此一个生态系统总是处于“动”的状态，但只要所有变化的总和结果在一个稳定的范围，就是一个处于“动态平衡”的生态系统。这个稳定的范围，必须从较长的时间尺度来定义，例如温带落叶林有分明的四季变化，而干燥的草原经常有火灾，在这些事件发生的时候，生态系统的生物组成，以及物质和能量的进出也会随之改变，但这是属于规律周期的一部分，或是一段时间后便会恢复原来的状态，因此并不破坏生态系统的平衡。

森林大火之后，植物灰烬成为新生植物的沃土，这也是一种动态平衡。（图片提供/GFDL）

为了日渐消失的物种，人们开始想办法保存，或是减缓破坏脚步。下图为位于英国的伊甸植物园内的湿热带园区，这座目前全世界最大的温室，还有温带和干热带园区，借由对各地植物的栽种与复育，希望重新还原人和植物间的关系。（图片提供/欧新社）

生态系统的变化

生态系统也会发生长期的、不再自动恢复原状的变化。例如1.2万年前的地球比现在寒冷很多，随着气温的变暖，覆盖大地的冰雪渐渐向南北极退缩，当年的寒原如今已成为温带森林。这些自然发生的变化多半是渐进而十分缓慢的，但这数百年来，随着人口增长与科技的进步，人类造成生态系统的许多改变，而且变化的速度与程度较自然变化剧烈许多。例如热带雨林的面积迅速减少，而沙漠却有渐增的趋势；许多生物族群数量降低，甚至从地球上消失；工业废气排入大气中，造成雨水、土壤及湖泊偏向酸性等。生态系统通常有相当的缓冲能力，来调节各种变化所带来的冲击，但当变化过度急剧、超过生态系统的调节能力时，就可能会造成生态系统的退化。

鉴于人们对于森林的滥伐，肯尼亚的马塔伊推动“绿带运动”，鼓励农村妇女多种树作为燃料来源，以减缓森林砍伐和沙漠化。（图片提供/维基百科，摄影/Demosh）

人类创造的生态系统

在地球的历史上，人类是唯一能够迅速而大规模改变生态系统的生物。靠着进步的科技，人类依照自己的需求建立了新的生态系统，比如鱼塘、农田、牧场、人造林与城市等。这些生态系统都不是在当地自然条件下会自动出现的，因此需要不断输入能量来维持，例如一块农田，如果没有持续的耕耘、播种、除草，一年后就会杂草丛生，百年后就成为森林！最独特的是城市生态系统，这里绿色生产者十分稀少，却有着大量的人口，因此是靠其他生态系统输入的食物来维持。

为了创造更多耕地而推行“围湖造田”，但却使得水患加剧。图为云南滇池的造田。（图片提供/达志影像）

为了开垦更多的耕地，许多热带森林不断被砍伐，这也间接造成地球的生态失衡。（图片提供/达志影像）

单元14 生态系统研究

（树冠层观察，图片提供/达志影像）

地球上到底有多少物种呢？目前并无定论，唯一的共识大概是一定大于15亿种，而已命名的物种约有150万至200万种。人类所认识的物种相当有限，更不用说它们之间的关系或是它们与环境的关系，绝大部分都是未知的。到底科学家是如何探究这些谜团的呢？

研究人员必须爬到树顶才能观察树冠层。图为研究人员正在研究花旗松。（图片提供/达志影像）

族群与群聚的研究

要了解生物的族群与群聚，最基本也最常用的方法就是直接观察。通过长期的观察与记录，我们可以得知一种生物喜欢生活在什么样的环境，知道一个族群数量的变化，或是两种生物间的互动关系。动物学家还常常帮动物戴上有编号的脚环、颈环、耳牌等，借以辨识不同的个体，好长期追踪它们的年龄、生长情况或是迁徙路径等。做实验往往也有助于进一步厘清现象，例如用围篱圈起一块草地，隔离植食动物后，观察植物组成的变化，可以了解植食动物对植物群聚的影响。

为了研究动物的生态或迁徙，科学家在特定动物身上安装追踪器，以便能持续追踪。图为研究人员正在帮瓶鼻海豚安装声波追踪器。（图片提供/达志影像）

物质循环与能量流动的研究

要探讨物质与能量的动态，通常会牵涉大面积的生态系统，科学家必须选取一部分地区或是部分个体作为研究对象，再根据得到的结果估算整个系统的数值。研究的方法则要视研究的对象与环境的不同，而做各式各样的设计。例如想要了解一片森林每年有多少枝叶掉落地面，就在某个区域张开网子来计算；想知道一片草原产生多少氧气到大气中，就用金字塔般的透明罩子把一小块草地罩起来，收集所有的气体；要探讨有多少养分被溪水带走，必须建拦水坝采取溪水；而想知道土壤中有多少有机物质，就要挖一些土壤带回研究室做分析。由于生态系统十分庞杂，虽然分析的仪器与技术越来越进步，但人类对生态系统中物质与能量的动态仍然了解有限。

为了研究地底的生物，科学家有时必须挖个大洞以方便直接观察。图为研究人员正挖洞观察蚂蚁生态。（图片提供/达志影像）

图中的研究人员从水池取样后，分析水质状况、水中微生物分布等。（摄影/萧淑美）

研究人员在树林间架设大网，借此来收集树上的昆虫。（图片提供/达志影像）

从天空看大地的第三只眼

自从1957年俄罗斯的史波尼克1号卫星升空以来，至今已有数千颗卫星被送上太空，在高空中执行各式各样的任务。其中有一类资源遥测的卫星，和生态研究的关系格外密切。这些卫星上装着超高解析度的感应器，不停地从高空拍摄地球，通过对这些数位照片的分析，地表哪里是森林、草原、湖泊……各个生态系统的分布立刻一目了然；或是通过同一地点、不同时间的多张影像比较，可以帮助我们了解生态系统的季节变化。此外，台风对生态系统造成的冲击，或是哪里发生森林大火、烧毁多少面积，都可以通过分析卫星影像知道。

英语关键词

生态 ecology

环境 environment

个体 organism

族群 population

群聚 community

生态系统 ecosystem

生物圈 biosphere

生物分布 distribution of organisms

食物链 food chain

食物网 food web

生产者 producer

消费者 consumer

分解者 decomposer

光合作用 photosynthesis

物质 material

能量 energy

太阳能 solar energy

能量流 energy flow

生物量 biomass

水域生态系统 aquatic ecosystem

淡水生态系统 freshwater ecosystem

河流生态系统 river ecosystem

湖泊生态系统 lacustrine ecosyster

湿地 wetland

溶氧量 DO / dissolved oxygen

水生植物 hydrophyte

海洋生态系统 marine ecosystem

浅海带 neritic zone

潮间带 intertidal zone

珊瑚礁 coral reef

深海生态 deep-sea ecology

深海生物 deep-sea organism

深海热泉 hydrothermal vent

管虫 tube worm

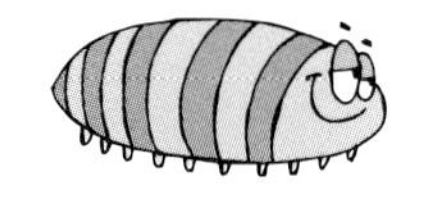

陆地生态系统 terrestrial ecosystem

气温 temperature

雨量 rainfall

纬度 latitude

海拔高度 altitude

森林生态系统 forest ecosystem

热带雨林 tropical rainforest

落叶林 deciduous forest

针叶林 coniferous forest

裸子植物 gymnosperm

草原生态系统 grassland ecosystem

温带草原 temperate grassland

热带草原／莽原 savanna

草食性动物 herbivore

肉食性动物 carnivore

食腐动物 scavenger

沙漠生态系统 desert ecosystem

沙漠化 desertification

跳鼠／沙漠跳鼠 kangaroo rat

寒原生态系统 tundra ecosystem

苔藓植物 bryophyte

地衣 lichen

极地生态系统 polar ecosystem

北极熊 polar bear

生物交互作用 biotic interaction

掠食行为 predation

竞争 competition

互利共生 mutualism

生态因子 ecological factor

生态平衡 equilibrium

生态适应 ecological adaptation

生态危机 ecological crisis

新视野学习单

1 是非题：对的请打○，错的请打×。

（　）生态系统除了生物外，也包括它们生存的环境。

（　）面积必须超过100平方公里的环境，才可以称为一个生态系统。

（　）一个地方的气温和雨量，会影响哪些植物生长。

（　）一种动物能不能在某个地方生存，完全取决于有没有食物吃。

（答案在第06—07页）

2 生态系统里的生产者、消费者、分解者有什么样的特色？

可将无机物转为有机物·

大多是植食、肉食和杂食动物·

以微生物和菌类为主·

可进行光合作用·

可将有机物转为无机物·

必须靠吃食物来为生·

·生产者

·消费者

·分解者

（答案在第08—09页）

3 是非题：在"蓝莓→松鸡→狐狸"的食物链中，哪些是正确的？

（　）松鸡是第二级消费者

（　）蓝莓是生产者

（　）松鸡是肉食性动物

（　）狐狸是最高级的消费者

（答案在第10—11页）

4 在自然生态中，关于族群和群落的叙述，哪些是对的？

（　）族群是由同一种生物所构成。

（　）住在同一片森林中的全部生物都是同一族群。

（　）群落中的生物有不同的关系，例如蜜蜂和花便是互利关系。

（　）群落中的松鼠和松鸦共享松果，也是一种互利关系。

（答案在第12—13页）

5 是非题：如果你天天喂小白兔吃胡萝卜，哪些情况是对的呢？

（　）胡萝卜的养分，是胡萝卜的绿叶用太阳能行光合作用所产生。

（　）小白兔会变胖都是来自它的食物。

（　）小白兔吃了1公斤的胡萝卜后，体重就增加1公斤。

（ ）小白兔有力气跳来跳去，这些能量是小白兔晒太阳所产生的。

（答案在第14—15页）

6 关于地球上生态系统的叙述，哪些是对的？

（ ）地球上的生态系统可分为水域和陆域两大类。

（ ）水域是最大的生态系统，其中以淡水生态系统分布最广。

（ ）陆域生态系统受气温和雨量的影响，而产生不同植被的生态系统。

（ ）热带雨林和沙漠分别是雨量最充沛和最干燥的生态系统。

（答案在第16—17页）

7 以下哪些是水域生态系统的特色（多选）？

（ ）深海热泉有独特的硫化菌，是不需要阳光的生产者。

（ ）河流的中游因为水流湍急，并不适合生物栖息。

（ ）水深超过200米的深海缺乏光线照射，没有生命存在。

（ ）湿地位于河海或是海陆交界，孕育着许多生物。

（答案在第18—21页）

8 连连看，这些景象属于哪一种森林呢？

秋天满山的黄叶真是美丽 · 　　· 热带雨林

森林里的树看起来好像圣诞树 · 　　· 温带落叶林

冬天里整座森林都光秃秃的 · 　　· 寒带针叶林

有蕨类植物生长在树上 ·

（答案在第22—23页）

9 以下这些生物分别属于哪一种生态系统，请连连看？

狮子 ·

仙人掌 · 　　· 草原生态系统

长颈鹿 ·

跳鼠 · 　　· 沙漠生态系统

野牛 ·

狐獴 ·

（答案在第24—27页）

10 是非题：关于寒原和极地的生态，对的请打○，错的请打×。

（ ）寒原里的植物以高大的针叶树为主。

（ ）许多候鸟选择在寒原繁殖下一代。

（ ）寒原与极地在夏季有很长很长的白天。

（ ）由于极地的生产者很少，所以没有大型动物存在。

（答案在第28—29页）

我想知道……

这里有30个有意思的问题，请你沿着格子前进，找出答案，你将会有意想不到的惊喜哦！

开始！

太棒赢得金牌

颁发洲金

太厉害了，非洲金牌也是你的！

以在雪
马？
P.07

“生态学”一词是谁提出的？
P.07

海洋中的生产者是谁？
P.08

不错哦，你已前进5格。送你一块亚洲金牌！

树木枯倒后是不是就没用了？
P.09

了，
美洲

哪里是生物多样性最高的生态系统？
P.22

哪里是“地球的肺”？
P.22

“大鱼吃小鱼，小鱼吃虾米”是什么关系？
P.10

太好了！
你是不是觉得：
Open a Book！
Open the World！

草原若发生大火是不是应该赶快扑灭？
P.24

人类大量使用**DDT**会造成什么后果？
P.10

大洋
牌。

什么是沙漠中的“活石头”？
P.27

非洲草原的秃鹰是如何觅食的？
P.25

什么是最高级消费者？
P.10

主物圈
递的起
P.14

什么是“能量金字塔”？
P.14

获得欧洲金牌一枚，请继续加油！

“族群”和“群落”有什么关连？
P.12

图书在版编目（CIP）数据

自然生态：大字版 / 白梅玲撰文．—北京：中国盲文出版社，2014. 5

（新视野学习百科；19）

ISBN 978-7-5002-5040-1

Ⅰ．①自… Ⅱ．①白… Ⅲ．①生态环境—青少年读物 Ⅳ．① X171.1-49

中国版本图书馆 CIP 数据核字（2014）第 064825 号

原出版者：暢談國際文化事業股份有限公司

著作权合同登记号 图字：01-2014-2144 号

自 然 生 态

撰　　文：白梅玲

审　　订：郭城孟

责任编辑：高铭坚

出版发行：中国盲文出版社

社　　址：北京市西城区太平街甲 6 号

邮政编码：100050

印　　刷：北京盛通印刷股份有限公司

经　　销：新华书店

开　　本：889×1194 1/16

字　　数：33 千字

印　　张：2.5

版　　次：2014 年 12 月第 1 版　2014 年 12 月第 1 次印刷

书　　号：ISBN 978-7-5002-5040-1/X · 5

定　　价：16.00 元

销售热线：（010） 83190288 83190292

绿色印刷　保护环境　爱护健康

亲爱的读者朋友：

本书已入选“北京市绿色印刷工程—优秀出版物绿色印刷示范项目”。它采用绿色印刷标准印制，在封底印有“绿色印刷产品”标志。

按照国家环境标准（HJ2503-2011）《环境标志产品技术要求 印刷 第一部分：平版印刷》，本书选用环保型纸张、油墨、胶水等原辅材料，生产过程注重节能减排，印刷产品符合人体健康要求。

选择绿色印刷图书，畅享环保健康阅读！

北京市绿色印刷工程